BEI GRIN MACHT SICH IHR WISSEN BEZAHLT

- Wir veröffentlichen Ihre Hausarbeit,
  Bachelor- und Masterarbeit

- Ihr eigenes eBook und Buch -
  weltweit in allen wichtigen Shops

- Verdienen Sie an jedem Verkauf

Jetzt bei www.GRIN.com hochladen
und kostenlos publizieren

Bibliografische Information der Deutschen Nationalbibliothek:

Die Deutsche Bibliothek verzeichnet diese Publikation in der Deutschen National-
bibliografie; detaillierte bibliografische Daten sind im Internet über http://dnb.d-
nb.de/ abrufbar.

Impressum:

Copyright © 2008 GRIN Verlag, Open Publishing GmbH
Druck und Bindung: Books on Demand GmbH, Norderstedt Germany
ISBN: 9783640571772

Dieses Buch bei GRIN:

http://www.grin.com/de/e-book/147310/die-suedafrikanische-stadt-im-kontext-der-
apartheid-und-der-postapartheid

Fabian Lehmann

Die Südafrikanische Stadt im Kontext der Apartheid und der Postapartheid

GRIN Verlag

Die Südafrikanische Stadt im Kontext der Apartheid und der Postapartheid

Fabian Lehmann

Seminar: Urbanisierung Afrikas

Inhaltsverzeichnis

1. Einleitung

Das Afrikaans Wort *Apartheid* geht auf die niederländische Bezeichnung für Trennung oder Teilung zurück. Dieses Wort steht seit der Mitte des 20. Jahrhunderts vielmehr für das südafrikanische politische System der weißen Minderheitsherrschaft, die über vier Jahrzehnte währte. Mit dem Wahlsieg der *National Party* 1948 manifestierte sich ein System, das zu einer politischen, kulturellen und ökonomischen Trennung der als Rassen bezeichneten Bevölkerungsgruppen führte. Diese systematische und von höchster staatlicher Ebene verfolgte Politik hatte vor allem auch konkrete Auswirkungen auf die Physis der Städte. Um die Entwicklung der urbanen Zentren in Südafrika in den letzten fünf Jahrzehnten soll es in dieser Arbeit gehen. Ebenso werden die Jahre nach der offiziellen Auflösung dieses politischen Systems 1990 von zentraler Bedeutung sein.

Um zu verstehen, durch welche Mittel sich ein kolonialer Staat in den südafrikanischen Apartheidsstaat verwandeln konnte, muss zunächst kurz der historischen Entwicklung Südafrikas Rechnung gezollt werden. Dabei wird der gesetzliche Rahmen von Bedeutung sein, der Voraussetzung für die Schaffung eines Systems der Isolierung und Unterdrückung der schwarzafrikanischen Bevölkerung war. Daraufhin werden die Auswirkungen dieser Politik auf die schwarze Bevölkerung Afrikas näher betrachtet werden, die sich in bestimmten Siedlungsformen wie Townships, Homelands oder informellen Siedlungen äußerten. Ferner soll die quantitative und qualitative Entwicklung der urbanen Zentren in den Homelands untersucht werden, die von zentraler Bedeutung für die Segregation im Apartheids-Südafrika waren. Um die historische Entwicklung der urbanen Siedlungen während und nach der Ära der Apartheid in Südafrika besser nachvollziehen zu können, wird Kapstadt als konkretes Beispiel dienen. Zuletzt soll die Situation des Postapartheid-Südafrika vorgestellt werden. Dabei wird die Frage nach den Auswirkungen der Apartheidspolitik nach deren Ende von zentraler Bedeutung sein.

2. Der Weg zur Apartheid

Wie konnte es zu dem System der physischen Trennung von Menschen verschiedener Herkunft kommen? Wie in anderen britischen oder französischen Kolonien war es den europäischen Siedlern ein Bedürfnis, sich von der afrikanischen Bevölkerung räumlich abzugrenzen. Die Gründe hierfür liegen zum Einen in dem Anfang des 20. Jahrhunderts vorherrschenden Rassenbewusstsein und der Anwendung der Darwinschen Theorien auf das Verhältnis zwischen Europäern und Nicht-Europäern. Daraus begründeten sich Hygienediskurse, welche unter anderem die Angst vor übertragbaren Krankheiten durch die Afrikaner schürten und letztlich die Abtrennung der weißen Wohngebiete offiziell rechtfertigten. Diese Bestrebungen fanden in Südafrika ihre erste Manifestation in dem *Immigrants Regulation Act* von 1913. Laut dieser Bestimmung war es fortan den ursprünglich indischen Bevölkerungsteilen in Südafrika verboten, sich über die Provinzgrenzen hinweg zu bewegen. Ebenso wurden ihre Landbesitzrechte stark eingeschränkt. Ähnliches war auch der afrikanischen Bevölkerung bestimmt.

Neben dem angesprochenen rassistischen Weltbild kann ein weiterer Faktor für diese Einschränkungen ausgemacht werden. Billige schwarze Arbeitskräfte waren von wirtschaftlichem Interesse. Afrikaner waren dann gern gesehene Zeitgenossen, wenn ihre Arbeitskraft benötigt wurde. Seit dem *Natives (Urban Areas) Act* von 1923 galten Schwarze nur mehr als zeitweilige Stadtbewohner, die nur wenn sie wirtschaftlich aktiv waren, das Recht hatten, sich in der Stadt aufzuhalten. Von nun an waren sie per Gesetz physisch, sozial und wirtschaftlich von der weißen Bevölkerung getrennt (BROWETT 1982: 19). Gerechtfertigt wurde dieser Erlass offiziell durch den Schutz der weißen Bevölkerung vor Gesundheitsgefahren aus den Slumgebieten. Praktisch wurde dies durch die Einrichtung der so genannten Homelands oder Bantustans verwirklicht, die sich geographisch an den Siedlungsgebieten der afrikanischen Ethnien orientierten. 1936 machten solche Reservate knapp 14% der Gesamtfläche Südafrikas aus. Ziel der Regierung war es, diese Reservate von dem südafrikanischen Staat abzuspalten und sie zu politisch und wirtschaftlich eigenständigen Territorien zu formen. Dies war jedoch schon deshalb zum Scheitern verurteilt, weil die den Afrikanern zugewiesenen Territorien ökonomisch nicht überlebensfähig waren. Sie verfügten nicht über die nötigen Ressourcen, waren hoffnungslos überbevölkert und territorial zerstückelt. So waren die Homelands schließlich in jeder Hinsicht von dem sie umgebenden Südafrika abhängig (HARTMANN 2003: 105).

Der eigentliche Beginn der systematischen Apartheidspolitik fällt auf das Jahr 1948, in dem die National Party die Parlamentswahlen gewinnt. Die fortan burisch dominierte Regierung erließ weitere Beschlüsse, welche zur vollständigen Unterdrückung der schwarzen Bevölkerung führten. Der *Group Areas Act* besiegelte 1950 die Trennung der Wohngebiete und im selben Jahr wurden sexuelle Beziehungen zwischen Weißen und Nicht-Weißen strafbar. Nur drei Jahre später wurde die Rassentrennung in öffentlichen Einrichtungen wie Behörden, aber auch Bussen und Parkbänken eingeführt (HARTMANN 2003: 103-104).

3. Die Politik der Apartheid

3.1. Kurzer historischer Überblick der Siedlungspolitik

Nach den Gold- und Diamantenfunden strömten Schwarze aus ganz Südafrika in die Minenstädte. Nach der Einführung des *Natives (Urban Areas) Act* im Jahr 1923 wurden immer wieder informelle Siedlungen geräumt und das Recht der schwarzen und farbigen Afrikaner auf eine dauerhafte Unterkunft in der Stadt stark eingeschränkt. Die sich entwickelnde Industrie führte in den 1930ern zu einer verstärkten Zuwanderung weiblicher afrikanischer Arbeitskräfte (SMIT et al. 1982: 94). Die gezielte Segregation der südafrikanischen Bevölkerung war die Reaktion der weißen Regierung auf die fortschreitende Migration der schwarzen Südafrikaner in die Städte. Infolge derer sich die weiße Minderheit in ihrer Position bedroht sah und Maßnahmen zu ihrer Stärkung vornahm. Die Trennung der schwarzen Bevölkerung von der restlichen vollzog sich auf politischer und sozialer Ebene und erfuhr ihre physische Ausprägung in der Landenteignung und Zwangsumsiedlung der schwarzen Mehrheit (KHAN 2005: 1). Neben der Zuwanderung kam es zu einer weiteren Zunahme der Stadtbevölkerung durch eine höhere Zahl von Geburten. In Reaktion auf diese Entwicklung wurde 1950 der bereits erwähnte *Group Areas Act* eingeführt. Die Maßnahmen zeigten Erfolg und so konnte der rapide Anstieg des afrikanischen Anteils in den Städten vermindert werden (SMIT et al. 1982: 94).

Ebenfalls im Jahr 1950 wurde der *Population Registration Act* erlassen, nach dem die Bevölkerung Südafrikas in rassisch definierte Gruppen klassifiziert wurde. Jeder/e Südafrikaner/in war nun entweder Weiß, Schwarz oder Coloured. Zu letzterer Gruppe zählten seitdem Inder, Chinesen und andere weder aus Afrika noch aus Europa stammende Menschen. Die schwarze Bevölkerung stand nach dieser Einteilung hierarchisch an letzter Stelle, besaß folglich die wenigsten Rechte und war Ziel der meisten Repressalien (CHRISTOPHER 1994: 103).

Vier Jahre später schaffte der *Natives Resettlement Act* die politische Grundlage, um die schwarze Bevölkerung aus den Wohngebieten im Inneren der Stadt zu vertreiben und sie in eigens dafür geschaffenen Gebieten wieder anzusiedeln (ebd: 105).

In den 1960ern konzentrierten sich daher die staatlichen Maßnahmen auf solche Ansiedlungen wie Townships und Homelands. Townships sind Siedlungen abseits der Städte, die für die schwarze Bevölkerung geschaffen wurden. Sie dienten der weißen Minderheit als Arbeitskräftereservoirs und verfügten kaum über eine entwickelte Infrastruktur.

Weiterhin wurde die Bereitstellung von Wohnungen in den Städten für die schwarze Bevölkerung eingeschränkt und wo möglich wurden nun vor allem Familien vermehrt in den Homelands angesiedelt. Die Situation der Schwarzen in den Städten verschlechterte sich zusehends (SMIT et al. 1982: 94). Weitere Reformen wurden erlassen, darunter neue Bestimmungen für die Repräsentation von Minderheiten im Präsidentenrat. Coloureds wurde das Recht zuerkannt Einfluss auf diesen Rat auszuüben, während die schwarzafrikanische Bevölkerung über dieses Recht nicht verfügen konnte. Da jedoch die farbige (coulourded) Bevölkerung nicht gewillt war, diese Bestimmungen in Anspruch zu nehmen, solange die schwarze Bevölkerung ausgeschlossen blieb, sollte nun auch den schwarzen Afrikanern ein eigener Rat zuerkannt werden, wozu es aber nie kam. Die südafrikanische Regierung verfolgte weiterhin ihre Politik, nach der Afrikaner lediglich in den Homelands über politischen Einfluss verfügen sollten (ebd.: 95).

Politisch konnte die schwarze Bevölkerung nun immer weniger mitbestimmen. Während der Apartheid verloren die Schwarzafrikaner auch ihr Wahlrecht. Politische Organisationen wie der bereits 1912 gegründete *African National Congress (ANC)* wurden verboten und dessen politische Führer, darunter der spätere Präsident des Post-Apartheidsstaates Nelson Mandela, inhaftiert. Diese Maßnahme war die Antwort auf die Unruhen von 1960 in Sharpville, bei der die schwarze Bevölkerung ihren Protest öffentlich kundtat (HARTMANN 2003: 104).

3.2. Restriktionen und deren Folgen

Während der Apartheid waren verschiedene politische Strategien nötig, um die Überlegenheit der weißen Bevölkerung zu sichern und gleichzeitig die schwarze Bevölkerung als Arbeitskraft auszubeuten, die vor allem im Agrarsektor und in den Minen gefragt war. Um dies zu erreichen, war eine verbesserte behördliche Kontrolle unabdingbar. Infolgedessen kam es zu einer verstärkten Kontrolle der schwarzen Bevölkerung. Wollten schwarze Afrikaner länger als drei Tage in einer Stadt bleiben, mussten sie vorher Arbeitsbüros aufsuchen und dort eine Erlaubnis einholen. Weiterhin wurden alle Schwarzafrikaner mit einem Pass ausgestattet, in dem jegliche Bewegungen zwischen Stadt und Land verzeichnet waren. Durch diese „Einreisekontrolle" in die urbanen Zentren Südafrikas konnten nur die Menschen afrikanischen Ursprungs die Städte besuchen, die von den Behörden als nützlich erachtet wurden. Allen anderen unproduktiv gebranntmarkten und nach weißen Ansprüchen überflüssigen Afrikanern war nur der Aufenthalt in den Bantustans, also den Homelands erlaubt (BROWETT 1982: 21). Vor allem Frauen hielten sich dennoch ohne Genehmigung in den Städten auf (KHAN 2005: 1).

Die Aufnahmebedingungen für einen dauerhaften Aufenthalt in der Stadt waren mit der Zeit zunehmend schwieriger zu erreichen und es waren vor allem einzelne Personen, welche die Möglichkeit erhielten, in einem zugewiesenen Quartier unterzukommen. Diese sehr schlichten Herbergen befanden sich in eigens „rassisch" abgetrennten Gebieten in den äußeren Bezirken der Stadt (BROWETT 1982: 22).

Die Arbeitsbüros, die erste Anlaufstelle für die Arbeit suchenden Afrikaner waren, konnten in den späten 70ern kaum noch Jobs vermitteln. Da nun weite Teile der schwarzen Bevölkerung nicht über die nötigen Ressourcen für die Subsistenzwirtschaft verfügten und sie kaum noch Chancen auf einen Arbeitsplatz in den Städten hatten, mussten die Betroffenen sich auf eigene Initiative Zugang zu einem Einkommen schaffen. Eine wachsende Zahl von Schwarzafrikanern, die sich dauerhaft illegal in den Städten aufhielten, um ihren Lebensunterhalt zu verdienen, war die Folge und fand ihren physischen Ausdruck in der wachsenden Zahl informeller Baracken in den formellen Townships. Diese ungeplanten Ansiedlungen der schwarzen Bevölkerung sollten in den folgenden Jahren zu einem großen Problem Südafrikas werden. Angezogen von der Aussicht auf einen Zugang zu den Versorgungseinrichtungen und dem Wohlstand der urbanen Siedlungen begann die schwarze Bevölkerung zuerst im Western Cape, ihre eigenen Siedlungen zu errichten. Die Behörden versuchten mehrfach mit dem Einsatz von Bulldozern diese, von ihnen unkontrollierten Siedlungen, abzureißen, jedoch entstanden daraufhin nur neue Ansiedlungen der schwarzen Bevölkerung (MABIN 1992: 19-20). Seit 2006 sinkt der Anteil informeller Haushalte und liegt aktuell bei etwa 60 % (STATISTICS SOUTH AFRICA 2007: 29).

Die bereits vor der Apartheid gegründeten Homelands gewannen in den Jahren zwischen 1960 und 1980 weiter an Bedeutung. So wurden in diesen 20 Jahren geschätzte 1.75 Millionen Schwarze in den Reservaten angesiedelt, die vorher in den Städten Südafrikas lebten (BROWETT 1982: 22). SIMKINS (1983) hingegen geht von 3.7 Millionen Menschen aus, die sich

1980 in Reservaten befanden. Diese außergewöhnlich hohe Zahl lässt sich neben der Umsiedlung der Afrikaner auch auf geänderte Grenzverläufe und eine ungenaue Zahl bei früheren Volkszählungen zurückführen.

Der wachsenden schwarzen Bevölkerung stand immer weniger Land zur eigenen Verfügung, auf der Subsistenzwirtschaft hätte betrieben werden können. Solche Haushalte waren zunehmend angewiesen auf ein Familienmitglied, das in der Stadt Geld verdient. Migranten, die in den „weißen" Städten Arbeit zu finden hofften, siedelten in neuen Stadtteilen, wie etwa dem heute über die Landesgrenzen hinaus bekannt gewordenem Soweto. In den Bantustans äußerte sich die Verschlechterung der Lebensbedingungen unter anderem in einer erhöhten Kindersterblichkeit (MABIN 1992: 18).

3.3. Die Urbanisierung in den Homelands

Im Gegensatz zu 37,8% der gesamten schwarzen Bevölkerung in Südafrika lebten im Jahr 1982 nur 16,8% der Afrikaner in den Homelands in Städten. Damit war die schwarze Bevölkerung die am geringsten urbanisierte Gruppe. Demgegenüber standen 89% Weiße und 73% Colourds, die in städtischen Siedlungen lebten (SMIT et al. 1982: 93). Dabei war sich die Regierung Südafrikas seit Ende der 1950er durchaus bewusst, dass eine Stärkung der urbanen Strukturen in den Homelands unumgänglich war, wollte man diese Gebiete in die Unabhängigkeit entlassen. In den Jahren von 1961 bis 1971 wurden tatsächlich 2/3 der Staatsressourcen für die Entwicklung in den Homelands aufgewendet. Diese Politik führte innerhalb von nur zehn Jahren zu einem gewaltigen Anwachsen der urbanen schwarzen Bevölkerung in den Homelands von 33.486 (1960) auf 594.420 (1970). 1980 lag die Zahl bereits bei über einer Million Menschen (ebd.: 96). Für diese rasche Zunahme der städtischen Bevölkerung in den Homelands waren folgende Faktoren entscheidend: Die schwarzen Bevölkerungsteile in den „weißen" Wohngegenden wurden zunehmend in die Städte der Homelands umgesiedelt. Dies betraf vor allem die „unproduktiven" Schwarzen, wie Alte, Behinderte, oder alleinstehende Frauen. Zusätzlich wurden seit 1968 Wohnungen in den vormals schwarzen Wohnvierteln der afrikanischen Bevölkerung unzugänglich und Slums wurden abgerissen. In Folge dieser Maßnahmen kam es unweigerlich zu einem akuten Wohnungsmangel. Anfang der 1980er standen der weißen Bevölkerung 1.29 Millionen Wohnungen zur Verfügung, während es für die Schwarzen lediglich 486.000 waren. Ein weiterer Grund für das Wachstum informeller Siedlungen (BEAVON 1992: 234).

Die Infrastruktur in den Städten der Homelands war den Anforderungen durch den Zuzug großer Bevölkerungsteile nicht angemessen. Die Versorgung mit Wasser und die Entsorgung von Abwasser war in den vorhandenen Wohnungen in den Homelands von schlechterer Qualität als in den Städten außerhalb der Homelands. Ein weiterer wesentlicher Faktor für die Urbanisierung der Homelands war die zunehmende Industrialisierung in diesen Gebieten, sowie ein Wachstum des tertiären Sektors mit einer entsprechenden Anzahl an zur Verfügung stehenden Arbeitsplätzen. Die Aussicht auf einen Arbeitsplatz lockte zwischen 1972 und 1975 jährlich etwa 100.000 Menschen in die Homelands, von denen jedoch lediglich 28% tatsächlich Arbeit fanden. Der Rest blieb entweder arbeitslos oder pendelte weiterhin täglich zwischen den Arbeitsplätzen in den Städten außerhalb der Homelands und der Wohnung innerhalb der Bantustans. Im Jahr 1979 betraf das 719.000 Menschen. Ein enormer logistischer Aufwand, der mit hohen Kosten für das gesamte Land verbunden war (SMIT et al. 1982: 97-101).

Die Umsiedlungspolitik verlief aus Sicht der Regierung erfolgreich und in vielen Städten schwand der Anteil der schwarzen Bevölkerung merklich, während die Homelandstädte am Rand dieser Territorien großen Zuwachs erhielten. Jedoch kann nur begrenzt von tatsächlichen urbanen Zentren die Rede sein. Die Städte in den Homelands waren wenig mehr als „Schlafstädte" und in hohem Maß abhängig von den Einrichtungen der Städte außerhalb der Homelands. Squattersiedlungen enstanden um alle Städte der Homelands, insbesondere jedoch um *Zwartkop* und *Edendale* in *KwaZulu*. Auch um die „weißen" Städte kam es zum Anwachsen informeller Siedlungen (ebd.: 102-103). Noch Anfang der 80er hatten die Homelandstädte keine Verbindung zu ihrem Hinterland und wie SMIT et al. formuliert: „remain[ed] islands in a sea of underdevelopment" (ebd.: 105).

4. Die Apartheidsstadt im Modell

Der Group Areas Act verursachte eine Neuaufteilung der Stadt, die strengen Kriterien unterlag. Grundidee war, dass jeder Gruppe innerhalb der Stadt ein eigener separater Teil zugedacht sei. Diese Teile sollten durch eine 30 Meter breite Pufferzone aus unbebautem Land getrennt werden, um jeglichen Kontakt zwischen den Bewohnern der einzelnen Gebiete zu vermeiden. Solche Pufferzonen konnten entweder natürlichen Ursprungs sein oder zur Infrastruktur gehören und waren entweder Flüsse, Gebirgskämme, Straßen, Eisenbahnlinien oder Industriegebiete. Nicht nur physisch, sonderen auch politisch und funktionell sollten die einzelnen *Group Areas (GA)* autark werden. Demnach mussten Versorgungs- und lokale

Regierungseinrichtungen geschaffen werden (CHRISTOPHER 1994: 106). Gerade im Fall der schwarzen Stadtteile zeigt sich jedoch, das gerade funktionelle Autarkie nie erreicht werden konnte und dem Ziel, billige Arbeitskräfte für die Weißen zu generieren letztlich auch widersprach.

Der Aufbau der Arpartheidsstadt gestaltet sich nach dem Modell von DAVIS (Abb.1, S. 8) wie folgt: Im Zentrum befindet sich der weiße CBD (Central Business District), woran im Norden die weißen GAs mit Einwohnern mittleren und hohen sozio-ökonomischen Status schließen. Im Süden hingegen, näher an den nicht-weißen Wohngebieten gelegen, befinden sich die weißen GAs mit Bewohnern geringeren Status. Dieser Raum ist durch eine Pufferzone von den Coloured-GAs, sowie den Townships der Schwarzen und den informellen Siedlungen getrennt (CHRISTOPHER 1994: 105).

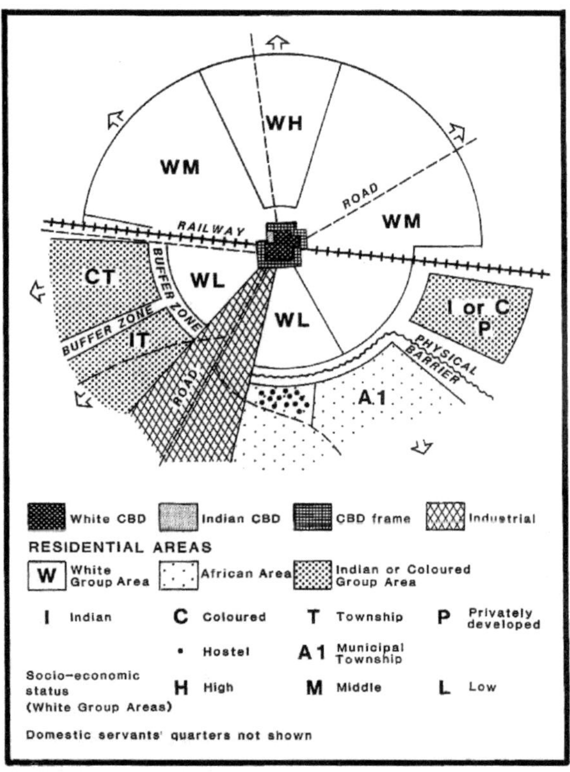

Abb.1: Modell der Apartheidsstadt nach DAVIS, R. J. (1981)
(aus CHRISTOPHER 1994: 105)

5. Das Beispiel *Kapstadt*

Kapstadt ist die während der Kolonialzeit gegründete Siedlung mit der längsten Geschichte im südlichen Afrika. Heute beherbergt die Stadt 3,5 Millionen Menschen. Nach offiziellen Angaben gehören dazu auch 104.000 informelle Behausungen. Trotz hoher Kriminalität lockt diese Stadt jedes Jahr rund 1,5 Millionen internationale Touristen an (GIS DEPARTMENT 2008). Im folgenden sollen die bereits erläuterten Prozesse der Apartheid-Stadtplanung für Kapstadt näher untersucht werden.

Von besonderer Bedeutung in der Stadtplanung Kapstadts war und ist *District Six*. Dieser Arbeiterstadtteil stach durch seine Multiethnizität hervor und passte somit in keiner Weise in das Konzept der Apartheidsregierung. Unter Legitimation des Group Areas Act wurde der Stadtteil zwischen 1968 und den frühen 80ern komplett aufgelöst und die 60.000 Bewohner umgesiedelt (Abb.2) (KHAN 2005: 2). Aus offizieller Sicht sollte dies eine Maßnahme der Eindämmung der Slumgebiete sein. Von entscheidenderer Bedeutung war jedoch die Lage des Stadtteils Nummer 6, der direkt an das weiße Stadtzentrum angrenzte sowie die Bevölkerung, die zu 95% aus Coulourreds bestand. Beim Beschluss, den Stadtteil zu räumen, war sicher nicht die Nacht im Jahr 1939 vergessen, in der es zur Aufruhr gegen die gerade in Kraft getretene Segregation der farbigen Wohngebiete kam (WESTERN 1982: 220).

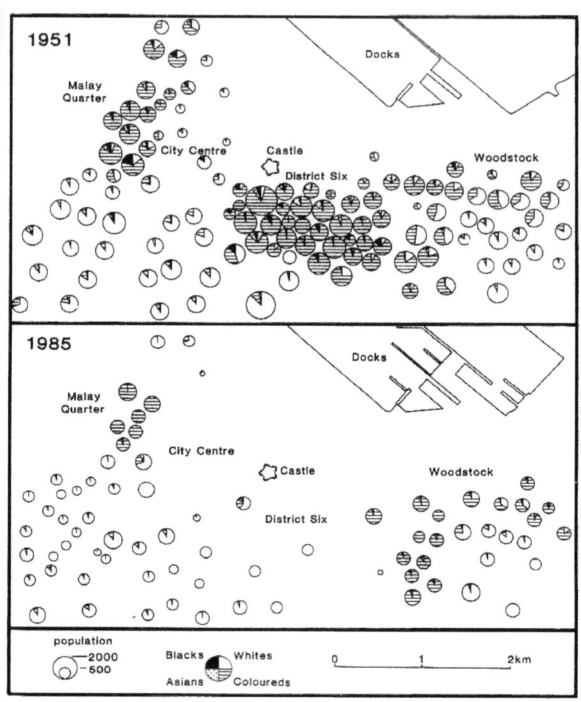

Abb. 2: Bevölkerungsverteilung in Kapstadt 1951 und 1985

(aus CHRISTOPHER 2001: 119)

Die aus District 6 vertriebenen Menschen wurden in den *Cape Flats* angesiedelt, einer unattraktiven Ebene außerhalb des Stadtzentrums. Die Ansiedlung erfolgte dabei nach den Kriterien des *divide and rule*, deren Ziel es war, den Widerstand der betroffenen Menschen gegen diese Maßnahmen zu verhindern. Um die Bevölkerung am Aufkommen eines Zusammengehörigkeitsgefühls in ihrem neuen Siedlungsraum zu hindern und einem daraus möglicherweise erwachsenden Widerstand vorzubeugen, musste auch innerhalb des Townships wie den Cape Flats eine Trennung stattfinden. Durch Bahntrassen, Straßen und Stacheldrahtzäune wurden Menschen, die vor der Umsiedlung gemeinsam lebten, gewaltsam getrennt, bestehende Netzwerke wurden zerstört. Die Kategorien dieser Trennung waren die wohl bekannten, wie die „rassische" Zugehörigkeit in schwarz und coloured, sowie die Klassenzugehörigkeit (KHAN 2005: 2).

Heute sind die Cape Flats berüchtigt für Kriminalität und Bandenkriege. Doch nicht nur außerhalb Kapstadts, sondern vor allem auch im Zentrum ist Kriminalität ein großes Problem. Bereits zum Ende der Apartheid 1989 zählte man 70 Morde pro 100.000 Einwohnern. Verteilt waren und sind diese hauptsächlich auf die Stadtteile der farbigen und schwarzen Bevölkerung (Abb.3, S.11). Die Gründe lagen zum Einen in den sozio-ökonomischen Verhältnissen der Bewohner, aber auch am Mangel der Polizeikräfte, die sich im Wesentlichen für die weißen Stadtteile verantwortlich fühlten. Dies führte dazu, dass in der Altersgruppe zwischen 15 und 24 männliche Farbige zehnmal so häufig wie ihre weißen Altersgenossen Opfer eines Mordes wurden. Aber auch der von weißen Südafrikanern dominierte Teil Kapstadts hatte und hat unter den Folgen der großen sozialen Unterschiede zu leiden. So konzentrieren sich die Einbrüche auf die wohlhabenderen Stadtteile im Westen und Norden, außerhalb der schwarzen Stadtteile (CHRISTOPHER 2001: 153-157).

Dieser Zustand der Gewalt und des Mangels an einer ausreichenden Infrastrukturversorgung bleibt nicht ohne Folgen. Frustration, auf Grund der ungleichen Behandlung der Menschen in und um Kapstadt, führte im Jahr 2005 und 2008 zu Aufruhr und Protest in *Khayelitsha* (Xhosa: Neues Zuhause), dem bedeutendsten Township Kapstadts und dem zweitgrößten Südafrikas, welches sich 40 km außerhalb des Zentrums befindet, sowie in weiteren Townships von Kapstast. In beiden Fällen war ein Aufgebot der Polizei, bewaffnet mit Gummigeschossen, nötig, um die Proteste unterdrücken zu können (KHAN 2005: 3). Dies sind jedoch nur die jüngsten Auseinandersetzungen in Kapstadt. 1976 kam es zu einem Aufstand, der 128 Menschen das Leben kostete, die Meisten darunter wurden von Polizeikräften erschossen (WESTERN 1982: 217). Meherere Wochen lang probten 1976 die Bewohner der farbigen und schwarzen Townships den Aufstand, bis die Unruhen auch auf das weiße Stadtzentrum übergriffen. Dieser Aufstand war weder zufällig noch unvorbereitet, sondern viel mehr Folge vorangegangener Ereignisse. Anfang des Jahres 1976 begannen Schüler schwarzer Schulen, ihren Unmut über ihre Lage in einem Streik kund zu tun. Einen Monat später begann die Polizei, auf diese Schüler das Feuer zu eröffnen. Dieses Ereignis war Anlass für den wochenlangen Aufruhr. Bis 1976 wurden Coloureds von der weißen Bevölkerung als Minderheit betrachtet, die getrost ignoriert werden konnte. Die Ereignisse von 1976 machten der weißen Bevölkerung jedoch bewusst, dass Coloureds, die hierarchisch ja über den Schwarzen standen, ein ebenso großes Gefahrenpotential für die Weißen darstellten. Das war ein Schock für die europäisch-stämmige Bevölkerung, welche die coulered-Bevölkerung unter Kontrolle wähnte (ebd.:: 223).

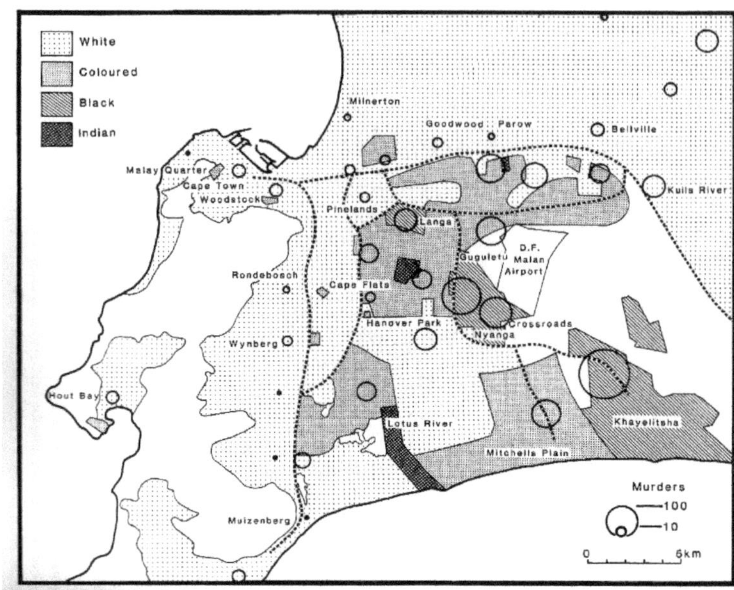

Abb. 3: Morde in Kapstadt

(aus CHRISTOPHER 2001: 154)

Neben der Kriminalität ist Wohnungsmangel in Kapstadt ein weiteres großes Problem. So fehlen in der Stadt 260.000 Wohnungen. Dennoch mangelt es an Bemühungen, an dieser Situation etwas zu ändern. Bei gleichbleibender Bevölkerungszahl und der derzeitigen Geschwindigkeit im Schaffen neuer Wohnräume würde es 65 Jahre dauern, bis genügend Wohnungen zur Verfügung stünden. Weiterhin reproduziert der soziale Wohnungsbau nur die bekannten Kritikpunkte. Neue staatlich geschaffene Wohnungen entstehen in der Nähe der Townships und nicht in der Nähe des eigentlichen Stadtzentrums. Die Bewohner dieser neuen Siedlungen haben oft mit noch höherem Kosten- und Zeitaufwand zu rechnen, um in das Zentrum Kapstadts zu gelangen (KHAN 2005: 3).

Heute sind es in Kapstadt nicht nur die Wohnungsbaumaßnahmen, welche die Segregation aufrecht erhalten. Hinzu kommen die Geschäfte von Immobilienmaklern, die sich die attraktiven Grundstücke in der Stadt sichern. Gutes Beispiel dafür ist der kleine Stadtteil *Bo-Kaap* im Zentrum Kapstadts. Während der Zeit der Apartheid war es den Bewohnern, mehrheitlich Nachfahren indonesischer Sklaven, gelungen, von den Umsiedlungsmaßnahmen verschont zu bleiben. Durch Prozesse wie Gentrification sind jedoch mittlerweile die Bewohner des Stadtteils gezwungen, die Wohnungen aufzugeben, um in günstigere Wohngegenden, wie den Cape Flats zu ziehen (KHAN 2005: 3).

In Kapstadt lassen sich auch heute noch die Folgen der Apartheidsregierung gut erkennen. Noch immer ist der physische Raum, sind Berufe und Wohlergehen nach Klasse und Hautfarbe sauber getrennt. Es ist bisher keine grundlegende Änderung der Stadtplanung erfolgt und neue Prozesse der Aufwertung tragen ihren Teil zur Aufrechterhaltung der ungleichen räumlichen Situation bei.

6. White Suburbs / Black Townhips: Die Jahrzehnte nach dem Ende der Apartheid

Nach der Auflösung der Bestimmungen wie dem Group Areas Act konnte nicht erwartet werden, dass sich die von der Apartheidspolitik geschaffenen Strukturen ohne weiteres beseitigen ließen. Auch die Physiognomie der Städte änderte sich nur sehr begrenzt und wo während der Apartheid politische Richtlinien bestimmten, sind nun soziale und ökonomische Faktoren entscheidend für die räumliche Entwicklung der Städte. Dennoch kam es zu verschiedentlichen Prozessen der Veränderung der Siedlungsgebiete innerhalb der Städte.

Die während der Apartheid offen gehaltenen Pufferzonen wurden zu attraktiven Siedlungsräumen und hier kam es nun vermehrt zu informeller Landnahme. Die Homeland-Städte hingegen stagnierten in ihrer Bevölkerungsentwicklung und konnten keinen Zuwachs mehr verzeichnen.

Die Inbesitznahme des Stadtzentrums durch die nicht-weiße Bevölkerung und die steigende Kriminalität führten zur Abwanderung von Geschäftsinhabern und Einrichtungen wie der Börse in Johannesburg in die Vororte. Die dargelegten Entwicklungen machen sich vor allem in den Großstädten Südafrikas bemerkbar. In kleineren Städten waren die Prozesse der Durchmischung Mitte der 90er praktisch nicht erkennbar. Diese Städte blieben auch Jahre nach der Auflösung der politischen Bestimmungen stark abgegrenzt nach Wohnvierteln und der Herkunft ihrer Bewohner. Auch innerhalb der Großstädte waren es insbesondere die inneren, zentrumsnahen Viertel, welche eine Durchmischung der Bevölkerung erlangten, während die äußeren Bezirke in der Starre der Segregation verharrten (CHRISTOPHER 2001: 215).

Der Zensus von 1996 führte weiterhin zu dem Ergebnis, dass innerhalb von 5 Jahren 12,5 Prozent der weißen Bevölkerung das Land verlassen hatten. Aktuell liegt der Anteil der weißen Bevölkerung in Südafrika bei 9%. Von den knapp 48 Millionen Einwohnern des Landes sind demnach 4,3 Mill. europäischen und 38 Mill. afrikanischen Ursprungs, sowie ca. 5,4 Mill. Colourds (STATISTICS SOUTH AFRICA 2007: 60). Die weiße Bevölkerung in den Städten sank auf 20 Prozent. Im Jahr 1970 lag dieser Anteil noch bei 31,6 Prozent (CHRISTOPHER 2001: 213).

Die Slums oder auch *grey ares* genannten informellen Siedlungsgebiete in der Innenstadt stehen heute in zunehmendem Interesse von Immobilienmaklern und Investoren. In vielen Fällen werden diese Gebiete geräumt, um neue Bauvorhaben zu ermöglichen. Wodurch die einfachen und billigen Behausungen aus der Stadt verdrängt und ihre Bewohner obdachlos werden (BEAVON 1992: 237). Da die Mieten in den ehemals ausschließlich weißen Wohngebieten höher sind als die der übrigen Stadtteile, kommt es nur sehr vereinzelt zum Zuzug nicht-Weißer in diese Wohngebiete. Gerade in weißen Wohngebieten mit einer überwiegend konservativen Bevölkerung kam es, insbesondere in den frühen 90ern, zu gewalttätigem Widerstand der Weißen, die sich gegen „gemischtrassige" Stadtteile wehrten. Am Akutesten sind davon die Vororte in der Nähe des Stadtzentrums betroffen, die Gebiete der weißen Arbeiterklasse. Verängstigt durch den Zuzug der schwarzen Bevölkerung in diese Stadtteile, verließen viele Weiße den Stadtteil, um sich in neuen „Enklaven" zu konzentrieren (ebd.: 238). Eingemauerte Wohngebiete und durch privaten Wachschutz gesicherte Häuser waren und sind eine eine solche Reaktion auf den Zuzug farbiger Menschen in die, ehemals den Weißen vorbehaltenen, Stadtteile.

Während der Apartheidszeit wurden die Wohngebiete der schwarzafrikanischen Bevölkerung als unabhängig verstanden und blieben von stadtplanerischen Maßnahmen unbeeinflusst. Der Central Business District (CBD) sowie sämtliche Industrieanlagen fanden sich in den von Weißen dominierten Gebieten. Die schwarze Bevölkerung suchte diese Gebiete auf, um sich den Lebensunterhalt zu verdienen, während in den Townships weder Produktion noch Entwicklung einer Infrastruktur stattfanden. Auf Grund der Vernachlässigung der schwarzen Stadtteile werden diese auch in Zukunft die Stadtteile mit dem geringsten Grundstückswert sein.

2001 schreibt CHRISTOPHER, der mit *The Atlas of Apartheid* und *The Atlas of Changing South Africa* zwei grundlegende Bücher zum Verständnis der physischen Ausprägung der Apartheid verfast hat, dass „*[t]he physical inheritance of the apartheid era will survive for a very long time*" und „*the fabric of the apartheid cities, the homeland settlement patterns and the infrastructure can be adapted but not erased*"(CHRISTOPHER 2001: 238).

Literaturverzeichnis

Beavon, K. S. O. (1992): The post-apartheid city. Hopes, possibilities, and harsh realities. In: Smith, D., M. (Hrsg.) (1992): The Apartheid City and Beyond. Urbanization and Social Change in   South Africa. Johannesburg: Witwaterstrand University Press.

Browett, J. (1982): The evolution of unequal development within South Africa. An overview. In: Smith, D., M. (1982): Living under Apartheid. Aspects of urbanization and social change in   South Africa. The London Research Series in Geography. London: George Allen & Unwin.

Christopher, A. J. (1994): The Atlas of Apartheid. London: Routledge.

Christopher, A. J. (2001): The Atlas of Changing South Africa. London: Routledge.

Hartmann, C. (2003): Südafrika. Von der Apartheid zur Demokratie. In: Afrika. Eine Einführung.   In: Andersen, U. (2003): Afrika. Eine Einführung. Schwalbach: Wochenschau Verlag.

Mabin, A. (1992): Dispossesion, exploitation and struggle. An historical overview of South African   urbanization. In: The Apartheid City and beyond. Urbanization and social change in South   Africa. Johannesburg: Witwaterstrand University Press.

Smit, P., J.J. Olivier & J.J. Booysen: Urbanization in the homelands. In: Smith, D. M. (1982): Living under Apartheid. Aspects of urbanization and social change ind South Africa. The   London Research Series in Geography. London: George Allen & Unwin.

Western, J. (1982): The geography of urban social control: Group Areas and the 1976 and 1980   civil urest in Cape Town. In: Smith, D. M. (1982): Living under Apartheid. Aspects of urbanization and social change ind South Africa. The London Research Series in Geography. London: George Allen & Unwin.

Internetquellen

Khan, R. (2005): Exklusionsmaschine Kapstadt. In: arranca!, 33, Winter 05/06.
<http://arranca.nadir.org/arranca/archive.do;jsessionid=1871D037AD4DDDD1FFEFE211838
C6FFE> (Zugriff: 21.09.2008)

Statistics South Africa (2007): Generell Household Survey 2007. Statistical realease P0318.
Pretoria: Stats SA.
<http://www.statssa.gov.za/publications/statsdownload.asp?PPN=P0318&SCH=4187>
(Zugriff: 19.09.2008)

GIS Department (2008): City Statistics and population census.
<http://www.capetown.gov.za/en/stats/Pages/CityStatistic.aspx> (Zugriff: 05.10.2008)